中国地质遗迹系列科普图书
全国地质遗迹立典调查与评价（DD20190074）项目资助
全国重要地质遗迹资源调查与地质文化村建设支撑示范（DD20221771）项目资助

黄河流域地质遗迹科普图册

董 颖 主编

科学出版社
北 京

内 容 简 介

　　地质遗迹是在地球演化的漫长过程中，由于内外地质作用形成、发展并遗留下来的珍贵的、不可再生的地质现象。黄河是中国的母亲河，跨越三级阶梯，连接青藏高原、黄土高原和华北平原三大地貌单元，复杂的地质运动和独特的气候条件造就了黄河流域丰富多彩的地质遗迹。黄河流域涵盖了三大类、十三类地质遗迹类型，本书选取其中九类典型地质遗迹进行介绍。本书采用典型地质遗迹照片、素描图和文字相结合的方式，展现了黄河流域地质遗迹的科学价值和美学价值，带领读者从地球科学的角度领略黄河流域的自然风光和地质地貌景观，希望通过本书能提升读者对地质遗迹保护重要性的认识。

　　本书适合对地球科学感兴趣的青少年和普通读者阅读。

图书在版编目（CIP）数据

黄河流域地质遗迹科普图册/董颖主编.--北京：科学出版社，2024.11.
（中国地质遗迹系列科普图书）.--ISBN 978-7-03-080146-3

I.P562.2-64

中国国家版本馆 CIP 数据核字第 2024LC1463 号

责任编辑：韩　鹏　徐诗颖／责任校对：邹慧卿
责任印制：肖　兴／封面设计：图阅

科学出版社 出版
北京东黄城根北街 16 号
邮政编码：100717
http://www.sciencep.com

北京汇瑞嘉合文化发展有限公司印刷
科学出版社发行　各地新华书店经销
*

2024年11月第　一　版　　开本：889×1194　1/24
2024年11月第一次印刷　　印张：4
字数：90 000
定价：58.00元
（如有印装质量问题，我社负责调换）

本书其他作者名单

胡晓强　孙　淼　隋佳轩　雷　勇

陈光庭　李益朝　任利平　刘瑞峰

郝呈禄　吕兰颂　董黎阳　张海龙

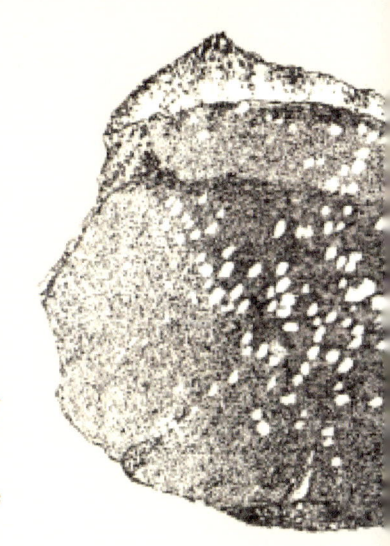

前 言

Preface

"黄河之水天上来，奔流到海不复回。"

黄河，作为中华民族的"母亲河"，孕育了一代代坚韧拼搏的华夏儿女，谱写了一曲曲可歌可泣的史诗赞歌。今天，我们将以一个地质人的身份去走近她、了解她、保护她。

黄河，全长约 5464 km，流域面积约 752443 km^2，是中国的第二长河，世界的第五长河。

黄河，发源于青藏高原的巴颜喀拉山脉。具体来说，有三个主要源头：查哈西拉山的扎曲、巴颜喀拉山脉北麓的卡日曲和星宿海西的约古宗列曲。黄河呈"几"字形，自西向东分别流经青海、四川、甘肃、宁夏、内蒙古、陕西、山西、河南及山东9个省（自治区），最后流入渤海。

由于河流中段流经黄土高原，挟带了大量的泥沙，所以黄河也是世界上含沙量最多的河流。多沙善淤，历史上，黄河中下游曾多次变迁改道。这一现象不仅给社会生产和文化发展带来了巨大的影响，也改变了地理环境，造就了很多对中华文明发展影响深远的地质遗迹。

近年来，中国地质调查局组织开展了全国重要地质遗迹调查，经统计，黄河流域范围内的重要地质遗迹有566处。本书选取了黄河流域内52处具有代表性的重要地质遗迹，图文并茂地展示了它们的地质特征，希望读者在学习地学知识的同时，可以获得身临其境的审美体验。

目　录

Contents

前言

一、基础地质大类……………………………………… 1

二、地貌景观大类……………………………………… 14

三、地质灾害大类……………………………………… 76

参考文献…………………………………………………… 79

附录………………………………………………………… 81

一、基础地质大类

黄河流域范围内，属基础地质大类的遗迹点有306处。按类型划分：地层剖面类160处，岩石剖面类20处，构造剖面类41处，重要化石产地类49处，重要岩矿石产地类36处（表1）。本大类选取9处地质遗迹进行展示。

表1　基础地质大类各类型遗迹点数量统计

类型	数量（处）
地层剖面	160
岩石剖面	20
构造剖面	41
重要化石产地	49
重要岩矿石产地	36

（一）地层剖面（3处）

1. 青海省湟中县谢家组地层剖面

谢家组地层剖面位于青海省西宁市湟中县田家寨乡谢家村八盘山一带，以其命名的谢家阶是我国中新统最下部的一个阶。该剖面主要为一套陆相红色泥岩夹灰绿色粉砂岩、泥岩。剖面长353 m，下段厚301 m，其紫红色厚层状泥岩中含渐新世孢粉化石；上段厚52 m，含哺乳类化石10属14种。

谢家哺乳动物化石群证明了西宁盆地有比较连续的中新世沉积，揭示了西宁盆地在我国新近纪地层划分对比中占有重要位置，并可与欧洲有关层位进行对比，进而为欧亚动物地理研究提供了线索。

谢家组全景

谢家组底部水平层理

2. 陕西省洛川县坡头黄土标准地层剖面

洛川自然地理环境独特，第四系黄土发育良好，黄土地层完整连续，剖面出露清楚，十分典型。洛川坡头黄土标准剖面以洛川黑木沟 250 万年黄土剖面遗迹为主体，与极地冰心、深海沉积物一起成为古气候研究的三大支柱，是世界少有的宝贵的地质遗迹，对中国大陆乃至欧亚大陆研究第四纪地质事件、古气候、古环境等具有极为重要的科学价值。

陕西洛川黄土剖面

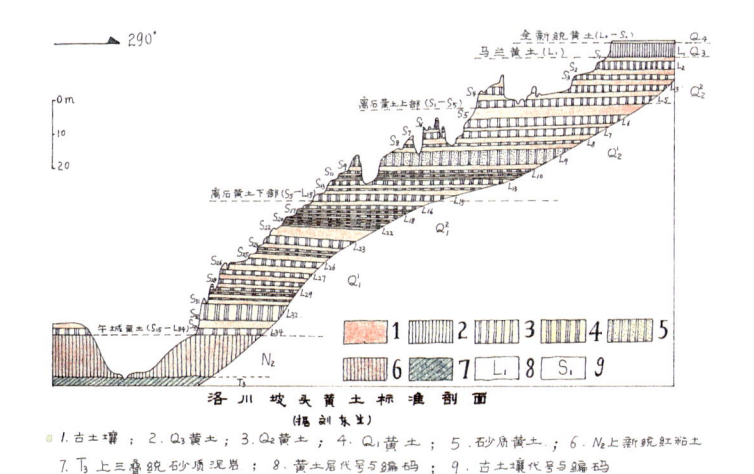

洛川坡头黄土标准剖面素描图

3. 山东省莱芜区长清群、九龙群地层剖面

该剖面是寒武系长清群朱砂洞组至九龙群三山子组的典型层型剖面。地层总体倾向北，依次可见长清群的朱砂洞组、馒头组和九龙群的张夏组、崮山组、炒米店组、三山子组。各组地层界线清楚，特征明显，是寒武纪年代地层和生物地层的标准剖面，具有重要的科研和科普价值。

长清群馒头组石店段具有震裂纹的薄层泥质灰岩

九龙群崮山组黄色页岩夹薄层灰岩

(二)岩石剖面(2处)

1. 山东省泰山岩群剖面

泰山岩群是一套深变质岩系，广泛出露于山东泰山及沂蒙山区中。其时代属新太古代，从约 27.5 亿年前至约 25 亿年前。泰山岩群自下而上分为孟家屯（岩）组、雁翎关组、山草峪组和柳杭组。这些岩石主要是在太古宙经过复杂的地质作用形成的，包括变质沉积岩和变质深成岩等。泰山岩群的变质程度较高，一般为角闪岩相，部分达到高绿片岩相。

泰山岩群的孟家屯（岩）组、雁翎关组、山草峪组和柳杭组都有各自的特点。孟家屯岩组岩性主要为石榴石英岩、十字石黑云石榴石英岩。雁翎关组的岩石类型包括角闪黑云变粒岩、阳起透闪片岩和斜长角闪岩等。山草峪组则以黑云变粒岩为主，夹二云片岩、少量角闪变粒岩及黑云角闪片岩。而柳杭组的岩石类型包括绿泥片岩、黑云变粒岩、角闪黑云变粒岩、绢云石英片岩、中酸性变质火山角砾岩、变质沉积砾岩等。

泰山岩群的地质特征和形成时代对于理解华北克拉通的地质演化具有重要的科学意义。通过对泰山岩群的研究，科学家们可以更好地了解地球早期的板块构造活动特征。

孟家屯岩组石榴石英岩

雁翎关组斜长角闪岩

山草峪组黑云变粒岩

一、基础地质大类

柳杭组变质砾岩和黑云变粒岩

2. 泰山彩石溪变质岩剖面

彩石溪位于泰山桃花峪园区，其岩石色彩和纹理独特，是泰山世界地质公园的标志性景观之一。彩石溪的岩石由浅色的石英条带和墨绿色的泰山岩群斜长角闪岩相间排列构成，形成了色彩斑斓的河床。彩石溪的构造、地层等地质特征非常丰富，沿溪可观赏到色彩斑斓的带状彩石，这些是由于被重熔的矿物充填在浅部岩石的裂隙中，形成的各种网状、枝杈状、条带状、团块状的脉体。彩石溪不仅是自然美景宝地，它还向我们展示了泰山乃至华北地区地质演变的历史，是地质学研究的宝贵资料。

彩石溪

三种年代不同的岩石形成丰富的图案

（三）构造剖面（1处）

河南省郑州市登封嵩山太室山褶皱

嵩山作为中国五岳之一的中岳，属于秦岭山脉。褶皱是一种岩石因受到地壳运动的压力

一、基础地质大类

而发生弯曲变形的现象，是地壳构造运动的重要表现形式之一。

登封太室山褶皱构造

河南省郑州市登封嵩山太室山褶皱

中岳嵩山为五岳之中，位于登封市北。太室山主峰为峻极峰，海拔1491.73m，太室山的山基为距今约25亿年前形成的新太古代花岗片麻岩，地貌上呈平缓的丘陵。山体为距今约20亿年形成的古元古代石英岩，地貌上为陡崖绝壁。著名的嵩阳运动在此命名，受构造运动影响，整个太室山都发生了强烈的褶皱变形，嵩山山体为大复背斜，各种形态的褶皱遍布随处可见。

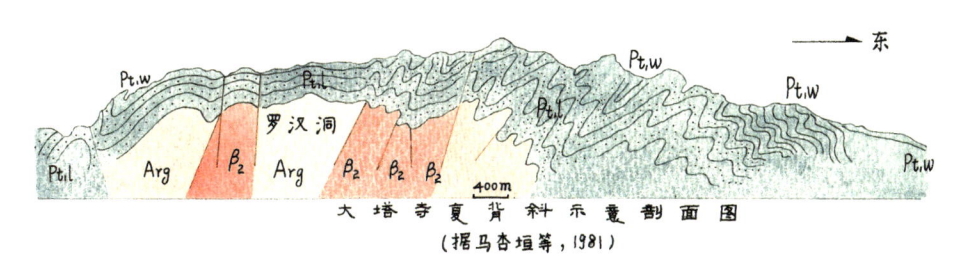

大塔寺复背斜示意剖面图
（据马杏垣等，1981）

Pt₁w：古元古界五指岭组；Pt₁l：古元古界罗汉洞组；Arg：登封岩群郭家窑组；β₂：辉绿岩脉

河南登封太室山褶皱素描图

（四）重要化石产地（3处）

1. 陕西省蓝田古人类化石产地

蓝田古人类化石产地主要位于陕西省蓝田县，包括公王岭和陈家窝两地。公王岭地点的地质时代为中更新世早期，古地磁断代的年代数据，一是距今约100万年，二是距今约80万至75万年；陈家窝地点的地质时代亦属中更新世，用古地磁法测定的年代数据，一是距今约65万年，二是距今约50万年。

2004年在蓝田县上陈村新发现了旧石器遗址。研究表明，该遗址出土的旧石器工具可追溯到约212万年前，这一发现将蓝田地区古人类活动遗迹的年代再次向前推进了约50万年，使得上陈遗址成为目前所知非洲以外最老的古人类遗迹点之一。

蓝田人使用的工具包括大尖状器、砍砸器、刮削器和石球等石器。这些石器多半用石英岩砾石和脉石英碎块制成，比较粗糙。石器中最有特色的是大尖状器，断面呈三角形，又称"三棱大尖状器"。在公王岭含化石层里还发现了几处灰烬和炭屑，可能是蓝田人用火的遗迹。

与蓝田人伴生的动物有三门马、大熊猫、貂鼠、李氏野猪、葛氏斑鹿、中国鬣狗、东方剑齿象、剑齿虎、中国貘、爪兽、硕猕猴和兔等，有明显的南方动物群色彩。

这些发现丰富了我们对于早期人类在亚洲地区活动的认识，对于了解人类早期活动和演化具有重要意义。

蓝田人复原图

2. 甘肃省和政动物群化石产地

和政动物群位于中国甘肃和政地区，是晚新生代哺乳动物化石的重要产地，记录了从3000万年前至今的生物演化。这些化石群包括巨犀、铲齿象、三趾马和真马等四个哺乳动物群，反映了青藏高原隆起过程中的气候变化和生物多样性。和政动物群的化石数量庞大、种类繁多、保存完好，为研究古地理、古气候、古生态提供了宝贵资料，对理解青藏高原的隆升历史及古环境变化具有重要的科学意义。

此外，和政地区化石的发现，还创造了六项世界之最，包括世界上独一无二的和政羊化石、世界上最丰富的铲齿象化石、世界上最大的三趾马动物群化石、世界上最早的披毛犀头骨化石、世界上最大的真马——埃氏马化石和世界上最大的鬣狗——巨鬣狗化石等。

铲齿象头骨化石

3. 内蒙古自治区鄂托克恐龙足印遗迹化石产地

鄂托克恐龙足印遗迹化石产地位于内蒙古自治区鄂尔多斯市鄂托克旗，是中国唯一的以恐龙足迹为主的国家级自然保护区。该地区保存有丰富的下白垩统中的恐龙足迹化石，包括蜥脚类、兽脚类等不同种类的恐龙足迹，以及鸟类骨骼化石和其他古脊椎动物化石。

鄂托克恐龙足迹化石为研究白垩纪时期恐龙的生活习性、行为模式以及古生态环境提供了珍贵的信息。通过对足印化石的研究，可以推断出恐龙的行走方式、速度、体型以及可能的生活环境。此外，这些化石还有助于了解恐龙之间的相互作用和食物链关系。

保护区内的恐龙足迹化石保存状态良好，足迹纹理清晰，形状可辨，为研究提供了高质量的样本。这些发现不仅对科学研究具有重要意义，对教育和科普活动也具有极高的价值。

兽脚类恐龙足迹（王宝鹏　摄）

一、基础地质大类

鸟类足迹（王宝鹏　摄）

二、地貌景观大类

黄河流域范围内，属地貌景观大类的遗迹点有 234 处。按类型划分：岩土体地貌类 101 处，水体地貌类 101 处，构造地貌类 19 处，火山地貌类 3 处，冰川地貌类 10 处（表2）。本大类选取 40 处地质遗迹进行展示。

表2　地貌景观大类各类型遗迹点数量统计

类型	数量（处）
岩土体地貌	101
水体地貌	101
构造地貌	19
火山地貌	3
冰川地貌	10

（一）岩土体地貌（18处）

1. 青海省互助县北山岩溶地貌

青海省互助县北山地区的岩溶地貌主要由石灰岩经过长期水溶蚀作用形成，集中分布于扎龙沟、浪士当沟上游地带。互助北山地区的地下水富含二氧化碳，这使得地下水具有较强的溶解能力，能够长期侵蚀石灰岩。这里虽地处高原地带，但季节性降雨和融雪提供了足够的水源来促进岩溶作用的发展。该处岩溶地貌成景种类较多，主要类型有石林、溶蚀坑、溶洞、地下河等，出露面积 206.5 km^2。互助北山岩溶地貌为研究该地区的地质历史和岩溶作用提供了良好的材料。

二、地貌景观大类

青海互助北山岩溶地貌 1

青海互助北山岩溶地貌 2

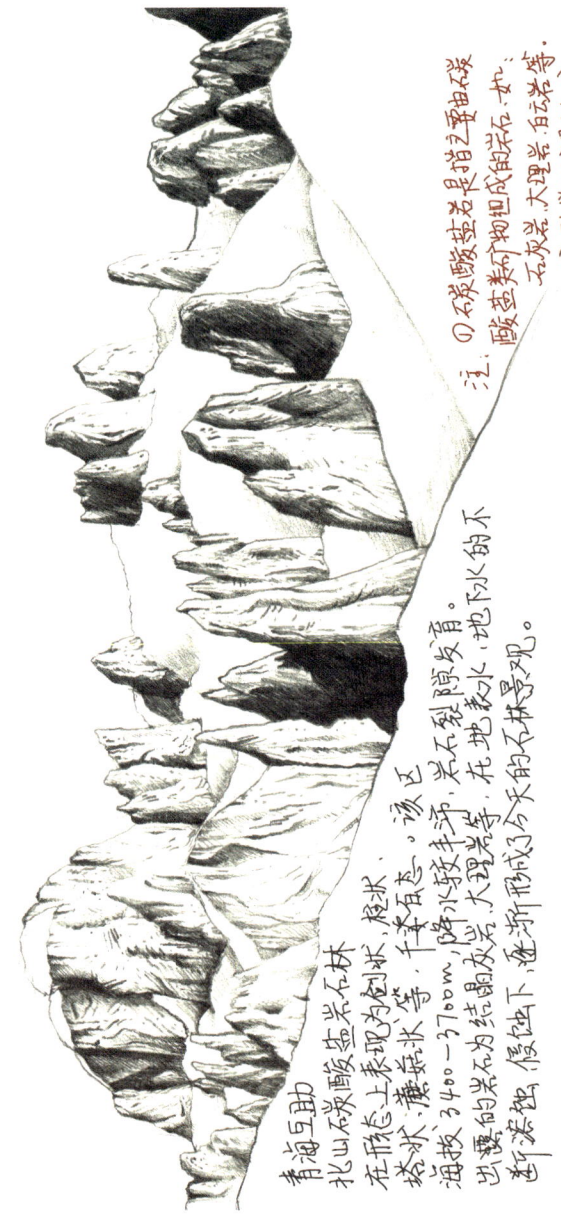

青海省海东市互助北山碳酸盐岩①地貌

青海互助北山碳酸盐岩呈现为刺状、柱状、塔状、蘑菇状等千奇百态。该区海拔3400~3700m，降水较丰沛，裂隙发育，出露的岩石为结晶灰岩、大理岩等。在地表水、地下水的不断溶蚀、侵蚀作用下，逐渐形成了今天的石林景观。

注：①碳酸盐岩是指了要由碳酸盐类矿物组成的岩石，如：石灰岩、大理岩、白云岩等。 它本身易被溶蚀，往往形成溶洞、峰林等地貌景观。

青海互助县岩溶地貌素描图

16

2. 山西省陵川县王莽岭碳酸盐岩地貌

陵川王莽岭碳酸盐岩地貌是我国北方温带岩溶发育核心区域内最典型的代表，其地貌景观包括地表上的峰丛、孤峰、溶沟、石芽、落水洞和地下岩溶洞穴及其内部的石笋、石幔、石柱、石钟乳等，被誉为探究北方喀斯特地貌地质演化的典型"教科书"。

王莽岭碳酸盐岩地貌景观

龟驼峰（王权 摄）

王莽岭石林

山西王莽岭碳酸盐岩地貌素描图

3. 山西省永济五老峰碳酸盐岩地貌

永济五老峰位于山西运城永济市东南的中条山脉，地处晋、秦、豫交界的黄河金三角地区。它是公认的中条山第一胜景，可与西岳华山媲美，有"东华山"的美誉，因与佛教名山五台山南北对峙，又有"南五台"之誉。

永济五老峰是该地在喜马拉雅运动及新构造运动期间经多次间歇性抬升和断裂，经多次剥蚀、夷平和堆积而形成的喀斯特地貌。地貌东西长约 10 km，南北宽约 5 km，分布面积约 57.2 km^2。山体宏伟，峰丛林立，五老峰由玉柱峰、东锦屏峰、西锦屏峰、棋盘山和太乙峰组成，远远望去犹如五位彬彬有礼的老人，列坐厅堂，侃侃而谈，故称"五老峰"。五峰形态各异、各有千秋，五峰之中尤以主峰玉柱峰最为奇特。峰顶白云岩在长期的风化及重力作用下，形成大量基座相连、延绵起伏的峰丛景观。

这里据说是我国北方道教全真派的发祥地，景区的特色活动朝峰庙会兴盛达 500 年之久。

永济五老峰碳酸盐岩地貌

山西运城永济五老峰碳酸盐岩地貌

永济五老峰碳酸盐岩地貌东西长约10km，南北宽约5km，分布面积约57.2km²，主要地貌景观为峰丛地貌。其中五老峰由玉柱峰、东锦屏峰、西锦屏峰、棋盘山和太乙峰组成，岩性以白云岩为主。

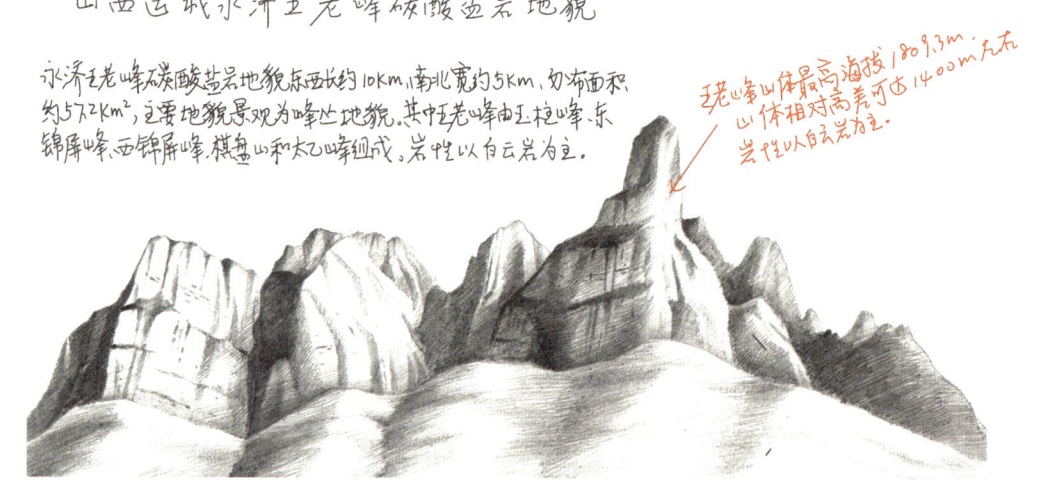

五老峰山体最高海拔1809.3m，山体相对高差可达1400m左右，岩性以白云岩主。

山西永济五老峰碳酸盐岩地貌素描图

4. 陕西省华阴市华山花岗岩地貌

华山，又名"太华山"，是我国五岳中的"西岳"，平均海拔 1884 m。华山主要由白垩纪形成的花岗岩组成，经过长期的地壳运动和风化侵蚀作用，形成了四壁陡立的断壁悬崖花岗岩地貌景观。华山最著名的五大峰：东峰（朝阳峰）、西峰（莲花峰）、南峰（落雁峰）、北峰（云台峰）、中峰（玉女峰），东、西、南三峰呈三足鼎立之势，中峰和北峰相辅，周围各小峰环卫而立。

华山

陕西渭南市华阴华山花岗岩地貌素描图1

陕西渭南市华阴华山花岗岩地貌素描图2

5. 山西省宁武芦芽山花岗岩地貌

芦芽山因其山峰层层堆叠如芦芽尖尖而得名，山顶海拔 2739 m，为山西第三高峰。区域内群山环抱，峰峦重叠，簇拥大小 200 多座山峰。芦芽山为强烈上升的高中山区，花岗岩出露面积达 133.78 km^2，花岗岩中垂直节理十分发育，发育丰富的石蛋、石柱等景观。芦芽山主峰区花岗岩峰林较为发育，单个石柱高 30～70 m。芦芽山是华北地区生态保存最为完整和原始的地区之一，被誉为"黄土高原上的绿色明珠"。

山西省忻州市宁武芦芽山花岗岩地貌

芦芽山山体因形似芦苇而得名，海拔2739m，为山西第三高峰。这里峰峦重叠，簇拥大小200多座山峰，沟壑纵横，山体东南也在长期的风化、流水作用下岩石沿节理垮塌，形成了一系列犹如芦苇幼芽的峰林及奇石地貌。

芦芽山花岗岩地貌出露面积约133.78km²，岩性为辉石石英二长岩，发育垂直节理和缓节理，是形成芦芽山及峰丛景观的母体。

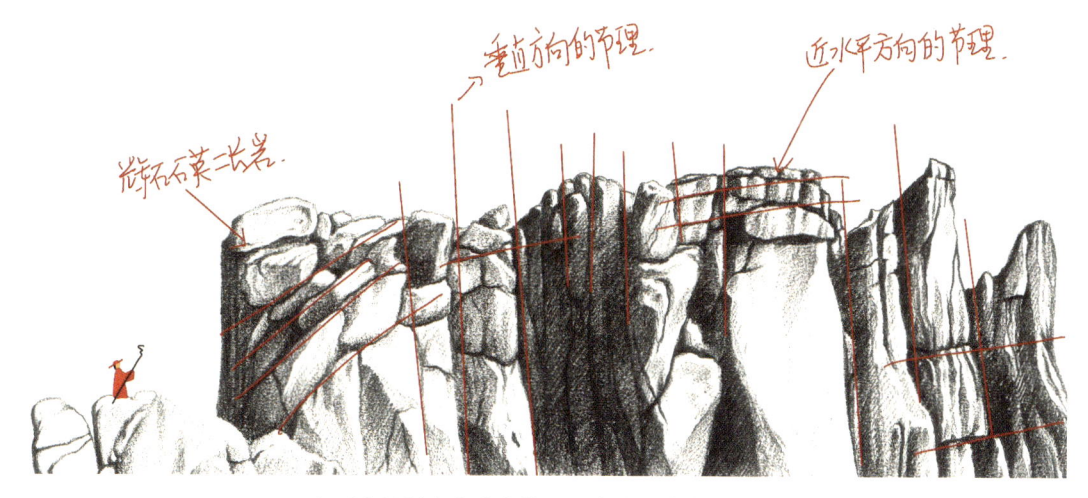

山西省忻州市宁武芦芽山花岗岩地貌素描图 1

山西省忻州市宁武芦芽山花岗岩地貌素描图2

芦芽山（杜新平 摄）

芦芽山支锅奇石（曹建国 摄）

6. 山西省静乐县悬钟山花岗岩地貌

悬钟山山体基岩为灰白色、中细粒二长花岗岩，边部呈浅肉红色。整个岩体面积达 220 km², 实际出露地表近 70 km²。球状风化的悬钟山高约 150 m, 周长约 600 m, 顶部平坦，有"鹤立鸡群"之势，远望如同一座巨钟笼罩着大地。

悬钟山

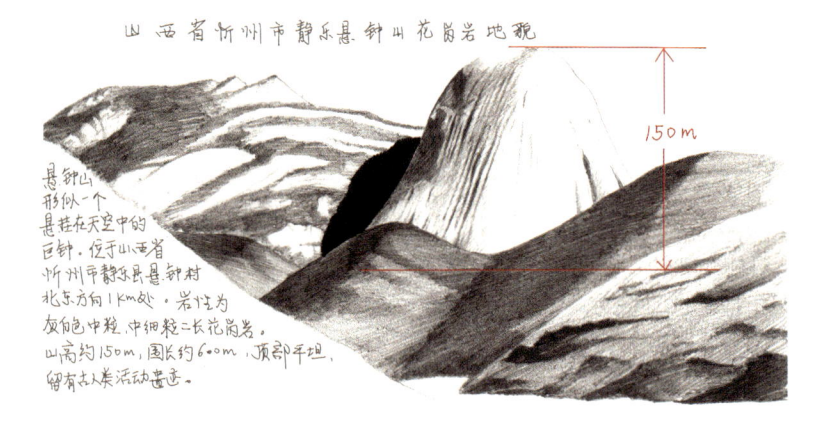

山西省忻州市静乐县悬钟山花岗岩地貌素描图

7. 河南省栾川县老君山花岗岩地貌

老君山坐落在洛阳市栾川县南部，是伏牛山三大主峰之一。老君山花岗岩形成于约 1 亿年前，然后发生了大规模山体滑坡，又经风化剥蚀等地质作用形成了花岗岩峰林地貌景观。山势险峻，植被茂盛，层峦叠嶂，奇峰嵯峨，有陡峭的悬崖、尖锐的峰顶、狭窄的峡谷等。老君山不仅是自然景观，还是道教圣地之一，拥有悠久的历史和丰富的文化遗产。

河南省洛阳市栾川老君山花岗岩地貌素描图

8. 河南省汝阳县炎黄峰花岗岩地貌

炎黄峰地处豫西山区，属于伏牛山脉的一部分。炎黄峰高 145.8 m，因形似炎黄二帝并肩而坐得名，为花岗岩象形石景观。形成炎黄峰的花岗岩形成于距今 1 亿年前，经地壳抬升、出露地表后，经历了花岗岩球形风化形成炎黄峰，成为天下奇观。

炎黄峰

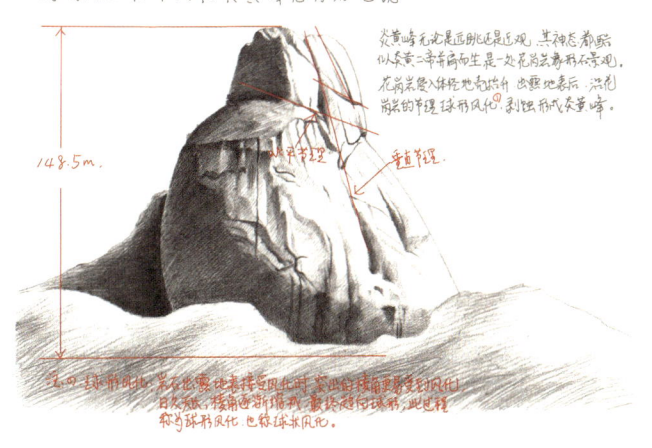

河南省洛阳市汝阳炎黄峰花岗岩地貌素描图

9. 青海省尖扎县坎布拉丹霞地貌

坎布拉丹霞地貌由紫红色含砾粗砂岩夹中厚层状砂岩及泥岩组成，岩层近于水平。岩层表面差异风化形成一系列的椭圆形小型洞穴，岩体呈孤峰状、墙状，总面积 36.2 km^2。孤峰高达 20～150 m，较完整地保留着大自然固有的粗犷美，千姿百态，栩栩如生，雄浑与精巧兼备。

坎布拉孤峰状丹霞地貌

坎布拉墙状丹霞地貌

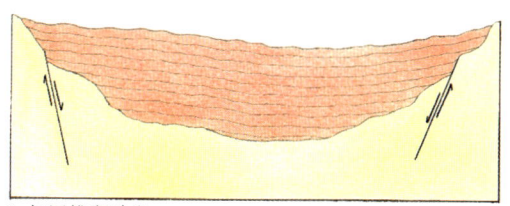

1. 红层堆积阶段

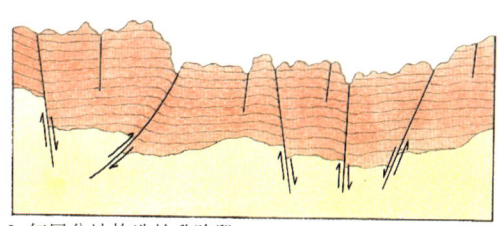

2. 红层盆地构造抬升阶段

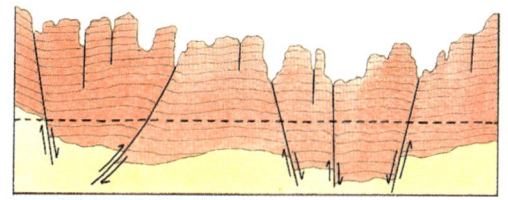

3. 丹霞地貌发育幼年期

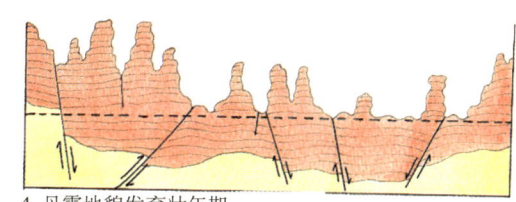

4. 丹霞地貌发育壮年期

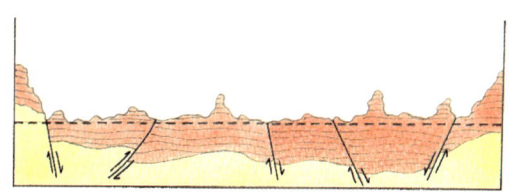

5. 丹霞地貌发育老年期

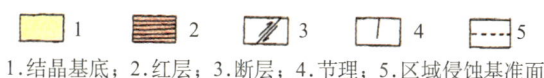

1. 结晶基底；2. 红层；3. 断层；4. 节理；5. 区域侵蚀基准面

丹霞地貌形成演化示意图（据彭华，2000）

10. 青海省海南藏族自治州贵德阿什贡村丹霞地貌

阿什贡丹霞地貌地处黄河沿岸，属于青藏高原东北边缘地带。由于长期的风化作用和流水侵蚀，红色砂砾岩层形成了各种奇异的地貌景观。这些景观色彩绚丽，红色、橙色、黄色以及偶尔出现的紫色和白色岩石层叠在一起，形成了调色板般的视觉效果。阿什贡丹霞地貌是地质科普教育的良好场所，可以帮助人们了解地球历史上的沉积过程、地壳运动以及自然环境变化等方面的知识。

黄河流域地质遗迹科普图册

青海阿什贡村丹霞地貌

青海省海南藏族自治州贵德阿什贡村丹霞地貌

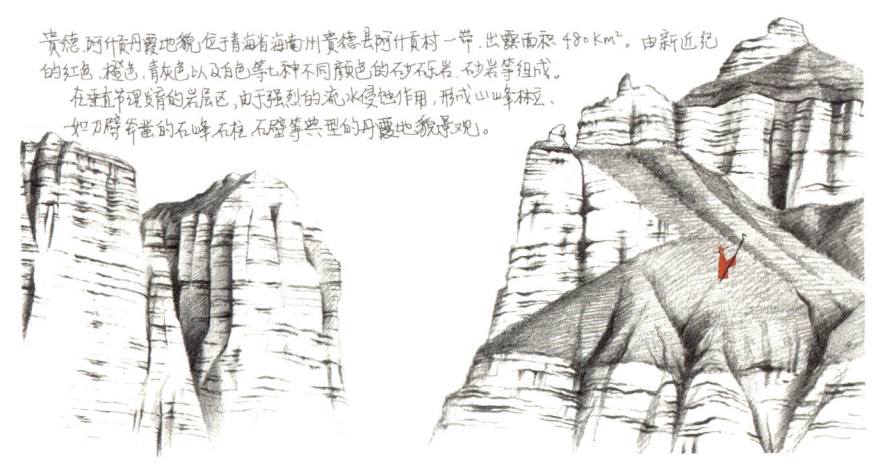

贵德阿什贡丹霞地貌位于青海省海南州贵德县阿什贡村一带，出露面积480 Km²。由新近纪的红色、棕色、青灰色以及白色等七种不同颜色的砂砾岩、砂岩等组成。

在垂直节理发育的岩层区，由于强烈的流水侵蚀作用，形成山峰林立、如刀劈斧凿的石峰石柱、石壁等典型的丹霞地貌景观。

青海省海南藏族自治州贵德阿什贡村丹霞地貌素描图

11. 宁夏回族自治区西吉县火石寨丹霞地貌

组成火石寨丹霞地貌的地层为白垩系三桥组与和尚铺组，为一套山麓相、河流相沉积，粒度粗，色调红。丹霞地貌受垂直节理、裂隙和断层切割，是在重力、水、风、冰、生物等外营力的综合作用下形成的。

火石寨丹霞地貌 1

火石寨丹霞地貌 2

火石寨丹霞地貌 3

宁夏回族自治区固原市西吉火石寨丹霞地貌

火石寨丹霞的组成岩性为一套砾岩、砂砾岩、含砾砂岩、砂岩、粉砂岩，矿物成分以石英为主，是一套山麓相河流相的沉积岩。地貌上表现为峰丛、峰丘、孤峰等，色调偏红色。

宁夏回族自治区固原市西吉火石寨丹霞地貌素描图

12. 甘肃省景泰县黄河石林碎屑岩地貌

景泰黄河石林以其壮观的岩石柱和峡谷而闻名，这些石林主要由"五泉山组"的砾岩和砂岩层构成，这些岩层在地壳运动的挤压和抬升过程中，形成了多组交叉的裂隙。流水沿着这些裂隙不断侵蚀，岩层被切割分离，形成了峰丛峰林的地貌。区域内石柱、石峰、石笋等发育于沟谷两侧，一般下游发育较好，上游沟谷则越变越窄，多呈现一线天景观，延伸长度达数百米。风蚀穴、风蚀壁龛的密度和规模，自西向东均呈增大之势。黄河石林的石柱、石笋一般高达 80 至 100 m 之间，最高可达 200 多米，其造型鬼斧神工，犹如雕塑大师的梦幻杰作。黄河石林不仅是一处自然奇观，也是地质学研究的宝贵资料。它记录了黄河上游地区新构造运动的变化、黄河的形成时代与演化、干旱区地貌的发展演化等重要地质信息。通过对黄河石林的研究，地质学家可以获取更多关于这些自然现象的科学数据。

景泰县黄河石林碎屑岩地貌 1

景泰县黄河石林碎屑岩地貌 2

甘肃省白银市景泰黄河石林碎屑岩地貌

由于新构造运动的影响，黄河石林所处的区域地层被抬升，不断升高的地势加快了流水的侵蚀作用。在复杂的内外地质动力共同作用下，形成了我们今天看到的黄河石林地貌。该地貌是由密集的峭壁和石柱构成，高度80-200m不等，千姿百态，景象万千。

早更新世黄色砂砾岩

甘肃省白银市景泰黄河石林碎屑岩地貌素描图 1

甘肃省白银市景泰黄河石林

甘肃省白银市景泰黄河石林碎屑岩地貌素描图2

13. 陕西省靖边县龙洲镇丹霞地貌

陕北靖边龙洲镇丹霞地貌位于毛素乌沙地与黄土高原的过渡地带，其成景地层为白垩系洛河组，以紫红色砂岩为主，这些砂岩具有平行层理和大型风成交错层理。龙洲丹霞受流水侵蚀和风力侵蚀改造作用，形态圆滑、流畅，呈现出类似波浪的特征。其微观或单体形态还有"陀螺状""油塔状""丝带状""金钱状"等，不同于中国南方丹霞地貌，国内罕见。

陕西省靖边县龙洲镇丹霞地貌 1

陕西省靖边县龙洲镇丹霞地貌 2

陕西榆林市靖边龙洲镇丹霞地貌素描图

14. 山西省临县碛口碎屑岩地貌

"黄河画廊"也称黄河百里水蚀浮雕，位于临县碛口镇至克虎镇杏林庄村之间，延绵近60 km，是名副其实的百里画廊，这种景观在黄河西岸的陕西境内也有广泛分布。黄河两岸岩性为三叠纪灰绿色细砂岩、灰红色巨厚层砂岩夹紫红色薄层泥岩，交错层理发育，岩壁上垂直节理贯通性良好，为"黄河画廊"的形成提供了物质和构造条件。黄河晋陕大峡谷两岸厚层砂岩在大自然鬼斧神工般的精雕细琢下，形成千姿百态、千变万化的艺术珍品，其中象形、人物、鸟兽等形象应有尽有。一直以来，黄河画廊的成因解释均为风蚀或者水蚀作用，但其更有可能是与盐风化共同作用的结果。

临县碛口黄河画廊1（郝江龙　摄）

临县碛口黄河画廊2（郝江龙　摄）

二、地貌景观大类

山西省吕梁市临县碛口碎屑岩地貌

临县碛口风蚀碎屑岩地貌又称"黄河画廊"，绵延60多公里，出露于黄河东岸，岩性为砂岩、泥岩，岩壁上风蚀特征明显，呈石槽①、石窟②、石窝③等造型。

注：①石槽：呈大小不同、形状各异的造型，有的开口向上，有的向下，有的呈敞口状，有的呈缩口状。

②石窟：风蚀洞穴较大的高度可达4~6m，宽、深0.5~1m，形似石窟。

③石窝：较小的风蚀洞穴，深度10~15cm，有的规则排列，水平延伸。

山西省吕梁市临县碛口风蚀碎屑岩地貌素描图

15. 青海省海南藏族自治州龙羊峡土林黄土地貌

黄土是一种特殊的第四纪沉积物，质地疏松，颜色多为黄色或黄褐色。黄土地貌的形成与黄土的沉积和侵蚀作用有关。黄土在风力作用下沉积后，由于降雨和地表径流的侵蚀作用，形成了复杂的地貌形态。龙羊峡土林黄土地貌以沟壑纵横为重要特征，不仅地貌景观独特，还有丰富的生物多样性，是研究地质构造和生态学的理想场所。

青海龙羊峡土林黄土地貌

二、地貌景观大类

青海省海南藏族自治州龙羊峡土林黄土地貌

青海省海南藏族自治州龙羊峡土林黄土地貌素描图

16. 山西隰县午城黄土地貌

午城黄土地貌景观位于临汾市隰县午城镇，地处吕梁山南段西坡，是"午城黄土"的命名地。隰县及周边地区的黄土地貌类型丰富，广泛分布着黄土和红土，形成了全国乃至全球典型的彩色黄土地貌景观。这些景观包括沟间地貌、沟谷地貌、彩色黄土潜蚀地貌。沟间地貌又分为黄土塬、黄土梁和黄土峁，塬底部由中生界三叠系砂页岩构成。沟谷地貌可分为纹沟、细沟、切沟、冲沟，生动诠释了黄土高原千沟万壑的形成过程。彩色黄土潜蚀地貌由新近系红土和第四系黄土垂向堆叠构成，经风雨侵袭后塑造出塔状、柱状、堡状、廊柱状等微地貌，包括黄土碟、黄土陷穴、黄土柱、黄土桥、黄土墙等，它们水平成层，绵延不绝分布于沟谷两侧，为浅黄的黄土丘陵增添了鲜艳的色彩，可与南方丹霞地貌相媲美。

隰县陡坡黄土峁（亚明　摄）

隰县陡坡黄土切沟（亚明　摄）

隰县彩色黄土柱（亚明 摄）

17. 山西省临县冯家会黄土林地貌

冯家会黄土地貌为独特的砂质盖板土林，黄土柱个个像戴了顶帽子，人称"盖帽黄土林"。该区域面积约 0.25 km²，冲沟南北两侧共有黄土柱 70 余根。黄土柱从下到上由棕黄色亚黏土、灰黄色亚砂土—粉砂土组成，砂质盖板为灰绿色长石石英砂岩，大部分呈不规则状，部分呈方形、圆形，且盖板平面面积多比黄土柱顶面面积大，厚度为 10～30 cm。

黄土垂直节理发育，土质松软，长期的流水侵蚀和风化作用会不断对黄土进行打磨、雕刻，形成黄土柱。而覆盖在黄土层之上的砂岩盖板则对底层黄土柱提供了天然的压实、保护作用，增强了黄土柱的抗风化能力，后经长期的流水侵蚀方才形成一个个戴帽的土柱。

这种独特的砂质盖板黄土林只在特定的环境中形成，具有极高的科学研究价值和科普观赏价值。

临县冯家会盖帽黄土林1（郝江龙　摄）

二、地貌景观大类

临县冯家会盖帽黄土林2（郝江龙 摄）

山西省吕梁市临县冯家会土林黄土地貌素描图

45

18. 毛乌素沙地

毛乌素沙地，作为中国四大沙地之一，主要分布在陕西、内蒙古和宁夏的部分地区。这里曾经是水草丰美之地，但由于自然气候变化和人类活动的影响，逐渐演变成了沙地。

毛乌素沙地对于研究干旱区的环境变化和沙漠化过程具有重要的科学价值。它不仅记录了沙地的形成年代、形成机制，还反映了古环境变化模式，对于理解中国沙漠格局的形成时代与机制，以及晚第四纪东亚季风的周期与相位变化提供了宝贵的自然实验室。

通过数十年的努力，毛乌素沙地的治理已经取得了显著成效，许多流动沙丘得以固定，形成了稳定的沙丘景观。绿色植被覆盖率显著提高，实现了从"沙进人退"到"绿进沙退"的转变。这一治理过程不仅改善了当地的生态环境，也为全球沙漠化治理提供了宝贵的经验和启示。

毛乌素沙地 1

毛乌素沙地 2

（二）水体地貌（15 处）

1. 四川省若尔盖县黄河第一湾

位于四川省阿坝藏族羌族自治州，海拔在 3500 m 左右，是黄河上游的一个重要水源涵养区，也是全国面积最大的沼泽型湿地。黄河干流在若尔盖唐克乡处由北西向而来，又折向北西而去，形成了一个 180°的大转弯，是黄河九曲十八湾的第一湾，故有"天下第一湾"的美誉。第四纪以来，若尔盖盆地在青藏高原整体上升中相对滞后，成为以堆积作用为主的沉降盆地。沼泽植被发育良好，生态系统结构完整，生物多样性丰富，不仅是青藏高原高寒湿地生态系统的典型代表，同时也是研究青藏高原隆升、古气候和环境变迁的良好地区。

若尔盖黄河九曲第一湾1（杨建 摄）

若尔盖黄河九曲第一湾2（杨建 摄）

2. 青海省贵德县黄河景观

黄河由贵德县西部的龙羊峡入境，经拉西瓦峡、三河河谷盆地至松巴峡出境，在贵德境内呈弓形。河床形态为曲流河，局部见心滩，心滩上植被发育，河段长度约 76.8 km。河水流速缓慢，水体清澈，在雨季，河水稍显浑浊，有越靠近河中心越清澈的特点。这里以其清澈的黄河水而闻名，有"天下黄河贵德清"的美誉。

贵德县黄河景观 1

贵德县黄河景观 2

3. 青海省共和盆地黄河阶地

共和盆地位于青藏高原东北部，是研究黄河形成和演化的重要区域。阶地是河流在河谷中发育的不同高度的台阶状地形，它们通常是由河流侵蚀作用和间歇性地壳抬升共同作用的结果。随着地壳的上升，河流会下切侵蚀，形成新的河床，原先的河床就会变成高出水面的阶地。共和盆地中的河流阶地与青藏高原的隆升及黄河的发育有着密切的关系，青藏高原的隆升过程中，黄河断续下切形成了一系列阶地。黄河阶地可以提供关于地质历史时期气候变化、构造活动以及河流侵蚀和沉积过程的信息。

二、地貌景观大类

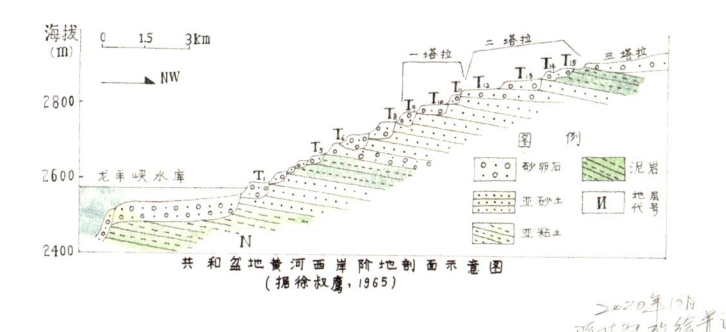

共和盆地黄河西岸阶地剖面示意图

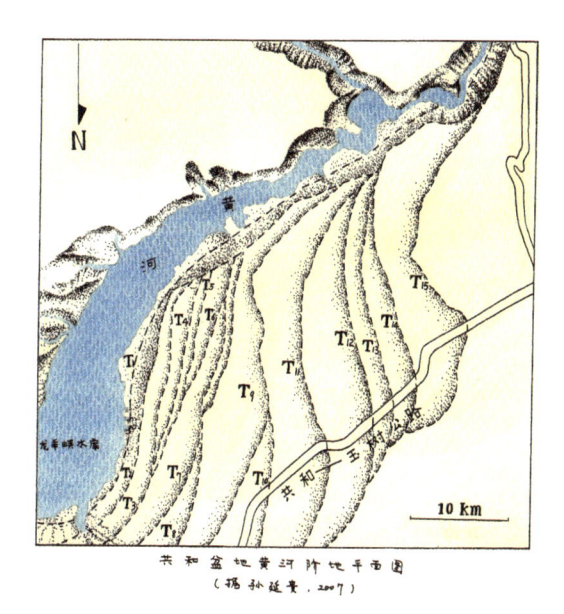

共和盆地黄河阶地平面图

4. 晋陕黄河干流乾坤湾黄河蛇曲地貌

乾坤湾位于山西省临汾市永和县与陕西省延安市延川县之间的黄河干流上。这里的黄河呈现出极其优美而壮观的蛇形弯曲，是由于河流在流动过程中不断侵蚀河岸并逐渐向外扩展，同时由于地转偏向力的作用使得河流更加弯曲。乾坤湾总体呈南北方向展布，河床形态整体呈"V"形，河流长约 58 km，直线距离为 31 km，平均曲率为 1.89；河床落差 52.7 m，河床纵比降为 0.9‰，河床宽度为 80～400 m，河流三级阶地距河床高差为 80～150 m，一般约 110 m。黄河干流这一段由北向南分布的漩涡湾、延水湾、伏寺湾、乾坤湾及壶口瀑布附近的几个大弯，不仅具有很高的观赏价值，同时也是地质学、地理学研究的重要对象。

黄河干流乾坤湾

黄河干流乾坤湾素描图

5. 山西省偏关县老牛湾黄河蛇曲地貌

偏关县老牛湾位于晋蒙交界处，是黄河进入山西的第一个湾，号称"三晋黄河第一湾"。蛇曲面积约 48 km^2，其河谷总体呈南北方向展布，河床形态整体呈"S"形，河流长约 11.5 km，直线距离为 5.5 km。蛇曲两端河床落差 7 m，河床宽度为 350～600 m，山顶与河谷平均高差为 120 m，整体呈"V"形。

此地黄河与长城交汇，内外长城在此汇合，游牧文明与中原农耕文明在此碰撞、融合。蛇曲河谷沿线人文景观众多，包括长城、古堡、古村、古庙、栈道、码头等，形成了老牛湾独特的地质与人文景观。

老牛湾

山西省忻州市偏关黄河老牛湾蛇曲素描图

6. 山东省黄河入海河流景观带

"黄河之水天上来，奔流到海不复回。"黄河入海口位于山东省东营市垦利区黄河口镇境内，地处渤海与莱州湾的交汇处。

发源于世界屋脊青藏高原的黄河，如同一条桀骜不驯的黄色巨龙，从黄土高原咆哮而过，经过艰难跋涉，最终汇入蔚蓝浩瀚的渤海湾，形成气势如虹的黄龙入海景观。黄河每年挟带大量的泥沙，为三角洲地区带来了大量的新生土地，也是鸟类迁徙的重要栖息地。

黄河入海河流景观带（丁洪安 摄）

7. 山西省运城市盐湖

运城市盐湖是运城盆地的最低处。湖面东西长 25～30 km，南北宽 3～5 km，面积约 130 km²，最深处约为 6 m。湖面阡陌纵横、银岛万千，常年堆积有芒硝，因季节不同而呈现出红、绿、紫等各种颜色，堪称奇观。

盐湖属于现代沉积，是固液共存，以芒硝为主的盐类矿床，每年汇入盐湖的盐类矿物储量 11.8 万 t，此外，还有多种稀有元素。湖水属于硫酸盐型的硫酸钠亚型，与美国犹他州大盐湖、俄罗斯西伯利亚库楚克盐湖并称为世界三大硫酸钠型内陆盐湖。运城盐湖含盐量类似中东死海，人在水中可以漂浮不沉，被誉为"中国死海"。

盐湖所处的山西河东地区是中华民族的主要发源地之一，已经有 5000 多年的产盐历史，人们围绕盐湖聚居，也因盐而战，相传"黄帝战蚩尤"是历史上最早因为争夺盐而引发的战争。

玫瑰色盐湖湖面

天蓝色盐湖湖面

8. 青海省扎陵湖、鄂陵湖湿地

扎陵湖和鄂陵湖是黄河源头地区的重要湖泊，被誉为"黄河源头姊妹湖"。这两座湖泊不仅是黄河上游重要的水源涵养地，也是青藏高原上重要的湿地生态系统。由河流湿地、湖泊湿地和沼泽化湿地组成。海拔4100～4500 m，淡水湖独特的自然生态环境为野生动物及水禽提供了良好的栖息繁育之地。湖区内野生兽类有29种，鸟类20余种，鱼类16种，其中高原特有种13种，国家一类保护动物9种。扎陵湖和鄂陵湖及其周边地区已经被划入三江源国家公园的保护范围内，旨在加强对这一地区自然环境和生物多样性的保护。

扎陵湖湿地

鄂陵湖

9. 内蒙古自治区巴彦淖尔市乌梁素海湿地

乌梁素海湿地是中国西北地区最大的内陆咸水湖，也是黄河"几"字弯以北的一个重要湿地，面积大约为 293 km²。乌梁素海的名字来源于蒙古语，"乌梁素"意为"红柳"，而"海"在蒙古语中则是指湖泊或较大的水域，主要水源来自黄河和周边地区的河流。乌梁素海不仅是当地生态系统的重要组成部分，而且在维护区域生态平衡、调节气候、保护生物多样性等方面也发挥着重要作用。

10. 山东东营黄河三角洲湿地

东营黄河三角洲湿地总面积约为 1530 km²，是亚洲最大的三角洲湿地之一，也是世界上暖温带保存最广阔、最完善、最年轻的湿地生态系统。这里自然湿地类型齐全，景观类型多样，包括灌丛疏林湿地、草甸湿地、沼泽湿地、河流湿地和滨海湿地五大类。东营黄河三角洲湿地在为水禽和鸟类提供栖息地、维持生物多样性等方面发挥着重要的作用。

黄河三角洲茂密的芦苇荡（原东营国土资源局提供）

11. 黄河壶口瀑布

壶口瀑布发育于晋陕大峡谷中，河谷中基岩岩性为二马营组砂岩、粉砂岩、泥岩、页岩等碎屑岩，其岩性组合为软硬相间的互层结构。

黄河流经壶口时，河床从宽约 300 m 的宽谷突然缩小为宽度约 30 m 的窄谷，瀑布落差约 40 m。河水聚拢，收为一束，形成特大马蹄状瀑布群。壶口瀑布所在地汛期最大流量在 2500 m³/s 以上，其余季节黄河流量 1000 m³/s。壶口瀑布水质浑浊，含大量泥沙，是世界上唯一一个黄色瀑布。

壶口瀑布作为黄河中游的一大奇观，不仅展现了大自然的鬼斧神工，也让人们感受到了中华民族母亲河的壮美与力量。

黄河流域地质遗迹科普图册

壶口瀑布

十里龙槽（赵伟 摄）

黄河壶口瀑布素描图

12. 河南省焦作市云台天瀑

云台山风景名胜区以其壮观的瀑布景观和秀美的自然风光而著称。云台天瀑落差高达 314 m，是中国北方落差最大的瀑布之一。瀑布飞流直下，气势磅礴，尤其在雨季时分，水量充沛，景象更为壮观。

河南省焦作市云台天瀑

瀑布落差：314m

云台天瀑位于云台山泉瀑峡的尽头，是一处三面环壁、一面开敞的围谷，由寒武系和奥陶系灰岩构成的崖壁高达300余米，水流从崖上飞流直下，形成单级落差314m的"云台天瀑"，是亚洲最高的瀑布。

河南省焦作市云台天瀑素描图

13. 陕西省西安市临潼区华清池温泉

华清池温泉位于骊山北麓，属于硫酸氯化物钠型水，水温常年在41.7~44.1 ℃。自古近纪以来，新构造活动剧烈。温泉水是大气降水渗入地下，沿断层下流至一定深度，受地热加热后流出地面形成。

华清池的历史可以追溯到西周时期，唐玄宗时期华清池被扩建为皇家御用温泉宫，成了皇帝和皇室成员休闲度假的地方。如今是5A级旅游景区、全国十大风景名胜区、全国重点文物保护单位、国家级文化产业示范基地。

14. 山西省太原市晋祠泉群

晋祠泉群包括有难老、鱼沼、善利三股泉，泉域面积为2030 km^2，泉群以难老泉流量最大，为晋祠泉主源。泉群赋存地质体，出露地层为奥陶系马家沟组泥质灰岩，为一级清洁水源。水温常年为17.5 ℃左右。泉水在石灰岩裂隙中流动，泉水为重碳酸钙型矿泉水。

晋祠是集中国古代祭祀建筑、园林、雕塑、壁画、碑刻艺术为一体的珍贵的历史文化遗产。1961年3月晋祠成为第一批全国重点文物保护单位。

太原市晋祠泉群

15. 山东省济南市泉群

泉城济南，像一颗璀璨的明珠，镶嵌在黄河之滨、泰山之阴。济南泉水是地下灰岩中的裂隙岩溶水自然喷涌形成，以"七十二泉"名闻天下。"家家泉水、户户垂杨"，济南泉水数量之多在中国城市之中可谓罕见。

趵突泉（原济南市国土资源局提供）

黑虎泉（原济南市国土资源局提供）

二、地貌景观大类

百脉泉（原章丘市国土资源局提供）

珍珠泉（原济南市国土资源局提供）

（三）构造地貌（4处）

1. 青海省黄南藏族自治州宁木特镇黄河大峡谷

宁木特镇黄河大峡谷位于青海省黄南藏族自治州河南蒙古族自治县宁木特镇境内，集"险、峻、浑"为一体，是黄河上游峡谷中最险峻的峡谷之一。这个峡谷全长60 km，谷深200余米，河水落差近百米，两侧岩壁柏木生长旺盛，植被发育。河谷宽窄不等，最宽处达500 m，最窄处约100 m，多呈"V"字形，发育二级侵蚀阶地。黄河两岸高山耸立，陡峭的石壁上有许多岩洞，水流湍急，气势磅礴。

宁木特镇黄河大峡谷

2. 晋陕黄河大峡谷

晋陕大峡谷，北起内蒙古托克托县河口镇，南至山西河津市禹门口，全长约 725 km，是黄河干流上最长的连续峡谷。晋陕大峡谷以其深邃的峡谷、险峻的地形、丰富的历史文化遗迹和奇特的自然景观而闻名。晋陕大峡谷是由黄河水经年累月的侵蚀和切割作用形成的，晋陕大峡谷的地貌形态多样，既有壮观的峡谷峭壁，也有平缓的河湾地带，这些地貌形态不仅具有很高的观赏价值，同时也是研究地质历史、河流侵蚀作用和地壳运动的重要窗口。

峡谷中的地质结构、古生物化石和地貌形态记录了黄河及其周边地区的地质演变历史，对于了解地球的构造运动、气候变化以及生物演化等具有重要的科学价值。

晋陕大峡谷山西侧

白家山湾

仙人湾

3. 晋陕黄河龙门大峡谷

黄河龙门大峡谷位于黄河中游晋陕大峡谷之中，是黄河的"咽喉"部位。这里不仅是黄河自然风光的精华之一，同时也是中国历史上著名的关隘之一。由于黄河长期的侵蚀作用，峡谷两侧形成陡峭的山崖，黄河在这一段水流非常急，河面宽度显著变窄，河宽不足 40 m，形成了一个天然的"门户"，这也是"龙门"名字的由来，河水奔腾破"门"而出，黄涛滚滚，一泻千里。

晋陕龙门大峡谷

黄河流域地质遗迹科普图册

晋陕黄河龙门大峡谷素描图

4. 河南省林州市太行大峡谷

太行大峡谷地处太行山东麓，是由太行山脉的地质构造和长期的水流侵蚀作用共同塑造而成。峡谷内的岩石多为石灰岩和砂岩，经过亿万年的风化剥蚀形成了今日的奇峰异石。

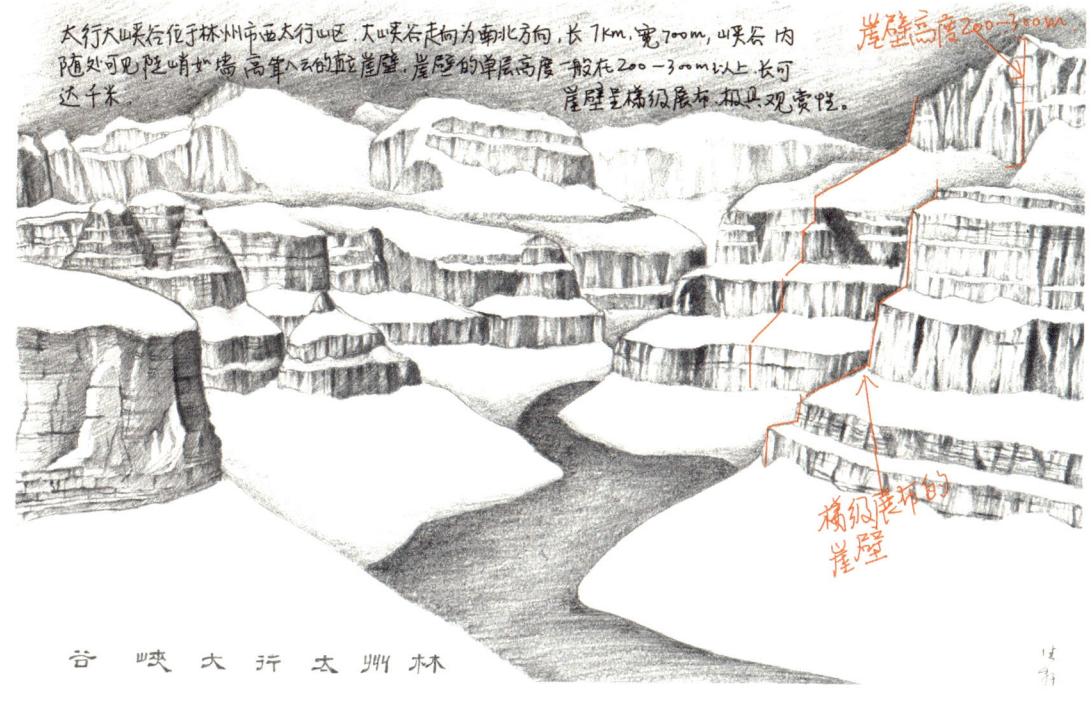

太行大峡谷素描图

(四) 冰川地貌 (3处)

1. 青海省阿尼玛卿现代冰川

阿尼玛卿山呈西北—东南走向，西至托素湖南，东至若尔盖盆地边缘，长约 375 km，最高峰海拔 6282 m，分布有 57 条冰川，面积为 125.95 km^2。

阿尼玛卿山地势高亢，冰峰雄峙，巍峨壮观，发育有典型的冰斗、角峰、刃脊、冰水湖、冰水扇等冰缘地貌，完整清晰地记录了黄河源区冰雪堆积、冰川形成、冰川运动等冰川发展的全过程，是我国西部气候变化和地质演化的历史记录，对于研究黄河流域古气候变化和地质发展历史具有极高的科学价值。

阿尼玛卿冰川地貌

青海省果洛藏族自治州玛沁阿尼玛卿现代冰川

阿尼玛卿山位于果洛州，呈西北一东南走向，长约375km，最高峰阿尼玛卿海拔6282m，共分布有57条冰川。

阿尼玛卿山地势高亢，冰峰雄伟，巍峨壮观，发育典型的冰斗角峰、刃脊、冰碛湖等冰川地貌，完整记录黄河源区冰雪堆积、冰川形成、冰川运动等冰川发展的全过程。

青海省果洛藏族自治州玛沁阿尼玛卿现代冰川素描图

2. 青海省门源岗什卡现代冰川

岗什卡现代冰川位于青海省海北藏族自治州门源回族自治县境内的岗什卡雪峰，是祁连山脉东段的最高峰，海拔 5254.5 m。岗什卡雪峰冰川总面积为 81 km^2，其中北坡内陆区 48 km^2，南坡外流区 33 km^2，总储水量为 26.768 亿 m^3。雪线高度北坡 4200 m，南坡 4400 m。

岗什卡雪峰的现代冰川属于典型的高山冰川，由于其地理位置和气候条件，这些冰川保存相对完好，是研究现代冰川动态和气候变化的重要材料。此外，该地区还发现了一处碳酸盐岩地貌——钙华台地，也被称为"七彩瀑布"，这些地质遗迹对于地质学研究具有重要意义。

门源岗什卡冰川 1

门源岗什卡冰川 2

3. 陕西省太白山第四纪古冰川

太白山位于我国陕西省，是秦岭山脉的最高峰，海拔 3767 m。在第四纪冰期，太白山被冰川覆盖，形成了丰富的古冰川地貌，包括冰斗、槽谷、冰蚀湖、冰坎、刃脊、羊背石、冰溜面等冰蚀地貌，以及冰缘气候作用下形成的石海、石河、石环等冰缘地貌。太白山的冰川地貌主要分布在海拔 3000 m 以上的地区，是第四纪冰川活动遗迹，构成了独具特色的冰川地貌景观。其中，冰蚀地貌以冰斗湖和槽谷尤为典型，如大爷海、二爷海、三爷海等都是冰斗湖的代表。此外，太白山还保留有角峰和刃脊等冰蚀地貌，它们是因冰川的侵蚀作用而形成的尖锐山峰和山脊。太白山的冰川地貌和地质构造的研究，对于理解第四纪冰川活动的历史、冰川作用的机制以及区域气候环境的变化都具有重要意义。同时，这些冰川遗迹也是太白山旅游开发的重要资源，对于推动当地经济发展和生态保护具有积极作用。

二、地貌景观大类

太白山古冰川遗迹 1

太白山古冰川遗迹 2

三、地质灾害大类

黄河流域范围内，属地质灾害大类的遗迹点有 26 处。按类型划分，地震遗迹 6 处，地质灾害遗迹 20 处（表3）。

表3　地质灾害大类各类型遗迹点数量统计

类型	数量（处）
地震遗迹	6
地质灾害遗迹	20

陕西省翠华山崩塌

翠华山位于陕西省西安市长安区，是秦岭终南山世界地质公园的核心园区，以自然山崩景观闻名于世。翠华山的山崩地质遗迹类型齐全，崩塌规模巨大，形成了壮观的崩塌石海、奇特的山崩洞、秀丽的堰塞湖和雄险的残峰断崖。这些山崩地质景观是由中元古界变质杂岩组成的。秦岭北麓大断层从翠华山北侧通过，这个断层仍在活动，一万年以来平均每年上升 1.73～3.4 mm。强烈的断裂活动，加上构成翠华山山体的岩石质坚性脆，又地处地震带且多暴雨，从而引起山体崩落。

翠华山山崩可能形成于公元前 780 年的一次地震。这次地震波及范围很广，学者们推断翠华山第一期山崩及早期的天池可能形成于这次地震。山崩遗迹总面积为 5.2 km^2，总体量达 3 亿 m^3，崩塌体规模居国内第一、世界第三。

翠华山山崩遗迹主要由堰塞湖、崩塌石海和残峰断崖组成，其地貌类型之全，结构之典型，保存之完整，规模之巨大，有"中国山崩奇观""地质地貌博物馆"之称。这些地质遗迹不仅具有很高的科学研究价值，也是地质公园旅游和科普教育的重要资源。

三、地质灾害大类

翠华山崩塌遗迹 1

翠华山崩塌遗迹 2

崩塌形成的堰塞湖

崩塌的巨石

参考文献

陈光庭，郝呈禄，张海龙，等. 2018. 青海省重要地质遗迹调查报告［R］. 青海省地质调查院.

邓涛. 2005. 中国西北和政生物群的性质、年代和环境［J］. 地质学报，79（6）：747.

邓涛，王伟铭，岳乐平. 2006. 中国陆相中新统谢家阶［J］. 地层学杂志，30（4）：315-322.

杜圣贤. 2007. 华北寒武系标准剖面多重地层划分对比研究［D］. 济南：山东科技大学.

方建华，张古彬，毛晓长. 2019. 河南省重要地质遗迹［M］. 武汉：中国地质大学出版社.

李建军，Martin Lockley，白志强，等. 2009. 内蒙古鄂托克旗小型兽脚类恐龙足迹和鸟类足迹及其古环境意义［J］. 上海科技馆馆刊，1（2）：26.

李屹峰，雷勇，张炜，等. 2017. 山西省重要地质遗迹［M］. 武汉：中国地质大学出版社.

李益朝，张俊良，张倩，等. 2016. 西北地区重要地质遗迹调查（陕西）［R］. 陕西省地质调查中心.

刘东生. 1985. 黄土与环境［M］. 北京：科学出版社.

马杏垣. 1981. 嵩山构造变形［M］. 北京：地质出版社.

南凌，崔之久. 2000. 西安翠华山古崩塌性滑坡体的沉积特征及其形成过程［J］. 山地学报，18（6）：502-507.

彭华. 2000. 中国丹霞地貌及其研究进展［M］. 广州：中山大学出版社.

宋义东，罗保才，杨继东. 2004. 嵩山地质遗迹开发利用与保护［J］. 地球，（3）：3-4.

孙延贵，方洪宾，张琨，等. 2007. 共和盆地层状地貌系统与青藏高原隆升及黄河发育［J］. 中国地质，34（6）：1141-1147.

王宝鹏，李建军，白志强，等. 2017. 内蒙古鄂托克旗查布地区恐爪龙类足迹的发现及其意义［J］. 北京大学学报（自然科学版），53（1）：81-90.

王集宁，刘瑞峰，蒙永辉. 2017. 华北地区重要地质遗迹调查（山东）成果报告［R］. 山东省地质环境监测总站.

王世进. 1990. 鲁西地区泰山群地层划分及其原岩特征［J］. 中国区域地质，（2）：140-146，156.

徐叔鹰. 1965. 陇中西部黄土区黄河及其支流阶地发育的若干问题［J］. 兰州大学学报,（1）：116-143.

杨朔鹏, 刘国云, 罗小平, 等. 2019.西北地区重要地质遗迹调查（宁夏）成果报告［R］. 宁夏回族自治区国土资源调查监测院.

姚宝贵. 2015. 甘肃省重要地质遗迹调查报告［R］. 甘肃省地质环境监测院.

Zhu Z, Dennell R, Huang W, et al. 2018. Hominin occupation of the Chinese Loess Plateau since about 2.1 million years ago［J］. Nature, 559（7715）：608-612.

附　　录

黄河流域内代表性地质遗迹一览表

基础地质	地层剖面	全球层型剖面	青海省湟中县谢家组地层剖面
		层型（典型）剖面	陕西省洛川县坡头黄土标准地层剖面
			山东省莱芜区长清群、九龙群地层剖面
	岩石剖面	变质岩剖面	山东省泰山岩群剖面
			泰山彩石溪变质岩剖面
	构造剖面	褶皱与变形	河南省郑州市登封嵩山太室山褶皱
	重要化石产地	古人类化石产地	陕西省蓝田古人类化石产地
		古动物化石产地	甘肃省和政动物群化石产地
		古生物遗迹化石产地	内蒙古自治区鄂托克恐龙足印遗迹化石产地
地貌景观	岩土体地貌	碳酸盐岩地貌（岩溶地貌）	青海省互助县北山岩溶地貌
			山西省陵川县王莽岭碳酸盐岩地貌
			山西省永济五老峰碳酸盐岩地貌
		侵入岩地貌	陕西省华阴市华山花岗岩地貌
			山西省宁武芦芽山花岗岩地貌
			山西省静乐县悬钟山花岗岩地貌
			河南省栾川县老君山花岗岩地貌
			河南省汝阳县炎黄峰花岗岩地貌
		碎屑岩地貌	青海省尖扎县坎布拉丹霞地貌
			青海省海南藏族自治州贵德阿什贡村丹霞地貌
			宁夏回族自治区西吉县火石寨丹霞地貌
			甘肃省景泰县黄河石林碎屑岩地貌
			陕西省靖边县龙洲镇丹霞地貌
			山西省临县碛口碎屑岩地貌

续表

地貌景观	岩土体地貌	黄土地貌	青海省海南藏族自治州龙羊峡土林黄土地貌
			山西隰县午城黄土地貌
			山西省临县冯家会黄土林地貌
		沙漠地貌	毛乌素沙地
	水体地貌	河流（景观带）	四川省若尔盖县黄河第一湾
			青海省贵德县黄河景观
			青海省共和盆地黄河阶地
			晋陕黄河干流乾坤湾黄河蛇曲地貌
			山西省偏关县老牛湾黄河蛇曲地貌
			山东省黄河入海河流景观带
		湖泊、潭	山西省运城市盐湖
		湿地-沼泽	青海省扎陵湖、鄂陵湖湿地
			内蒙古自治区巴彦淖尔市乌梁素海湿地
			山东东营黄河三角洲湿地
		瀑布	黄河壶口瀑布
			河南省焦作市云台天瀑
		泉	陕西省西安市临潼区华清池温泉
			山西省太原市晋祠泉群
			山东省济南市泉群
	构造地貌	峡谷（断层崖）	青海省黄南藏族自治州宁木特镇黄河大峡谷
			晋陕黄河大峡谷
			晋陕黄河龙门大峡谷
			河南省林州市太行大峡谷
	冰川地貌	现代冰川遗迹	青海省阿尼玛卿现代冰川
			青海省门源岗什卡现代冰川
		古冰川遗迹	陕西省太白山第四纪古冰川
地质灾害	地质灾害遗迹	崩塌	陕西省翠华山崩塌